萌系服装 手绘插画 及搭配临摹图鉴

冯婷 编著

人民邮电出版社

北京

图书在版编目（CIP）数据

萌系服装手绘插画及搭配临摹图鉴 / 冯婷编著.
北京 ： 人民邮电出版社，2024. -- ISBN 978-7-115
-64658-3

Ⅰ. TS941.28

中国国家版本馆 CIP 数据核字第 2024UV2324 号

内 容 提 要

　　这是一本为服装设计师和手绘爱好者提供服装搭配参考的绘画书。书中详尽描绘了手绘服饰的技巧方法，包括如何绘制完美比例的人体、设计独特风格的服装及巧妙运用色彩搭配。在这本书里，读者可以了解到手绘服装的基本知识和绘制技巧，学会如何绘制出各种时尚的服装款式，创作出时尚且实用的作品。这本书是你迈向设计大师之路的灵感源泉，也是你生活中不可或缺的时尚指南。

　　本书适合服装设计师、人物插画师、萌系绘画爱好者阅读，也适合普通读者日常休闲阅读。

◆ 编　著　冯　婷
　　责任编辑　许　菁
　　责任印制　周昇亮

◆ 人民邮电出版社出版发行　　北京市丰台区成寿寺路 11 号
　　邮编　100164　电子邮件　315@ptpress.com.cn
　　网址　https://www.ptpress.com.cn
　　北京瑞禾彩色印刷有限公司印刷

◆ 开本：690×970　1/16
　　印张：9　　　　　　　　　　2024 年 9 月第 1 版
　　字数：140 千字　　　　　　　2024 年 9 月北京第 1 次印刷

定价：59.80 元

读者服务热线：(010)81055296　印装质量热线：(010)81055316
反盗版热线：(010)81055315
广告经营许可证：京东市监广登字 20170147 号

目录
CONTENTS

01

创作穿搭插画
提升穿搭审美的学习来源

02

插画风格及
绘画入门基础知识

01

创作穿搭插画
提升穿搭审美的学习来源

线下

　　浏览阅读各类优质的服装类杂志，提升自己的审美素养，增加服装搭配在脑海里的印象，这样日积月累，当你想创作一个题材时，灵感就会来得快。

　　阅读服装裁剪类书籍，了解服装造型工艺及面料，提升作画时对服饰质感的表现，让作品的合理性更能经得住推敲。

阅读关于服装演变的历史类书籍，对于唐风、汉服、英伦复古等流行主题的创作提供历史依据，能掌握更得心应手的创作方法。

欣赏漫画类或艺术家手稿类书籍，借鉴从写实到抽象，学习由繁琐到简化的技法。

阅读手工类书籍，如刺绣、钉珠、首饰设计、箱包鞋帽等图书资料，通过日积月累的学习，当自己想表达一些小物件时，个性化和小细节的创意就能信手拈来了。

有条件的话，可以观赏一些高品质的服装发布会，用以提升审美情趣，增加设计的高级感。

线上

　　欣赏学习各类设计平台插画大师的作品，学习插画技法、画面构图、色彩搭配等美术知识。

　　浏览时尚街拍、穿搭达人、摄影大片的图文及视频，了解并走进时尚，熟悉人物动态，为人物造型和肢体语言创作积累素材。

　　欣赏时尚大牌如Gucci、Dior等时装发布、制作工艺等视频；浏览ins等网站设计大师、艺术家的作品，拓宽视野，扩宽脑洞，为创作与众不同的作品提供灵感。

　　学习来源于生活。不管是学到一门技能，还是沉淀一种品味，生活中的点点滴滴皆是我们的老师。这里将从最基础的起点，带你进入一段亦学亦观赏的绘画世界……

02

插画风格及
绘画入门基础知识

我的笔下人物多以钢笔水彩来绘制

　　钢笔水彩，即先用钢笔在纸上勾勒轮廓，再用水彩进行上色。我很喜欢水彩，因为它的透明感、叠加感，以及各种颜色在水的基础上碰撞而产生的化学反应，让作品有了更多的不确定性，每一次绘制都是全新的，都是独一无二的。我还喜欢水彩的空气感和浪漫气息，总是使人有欲望去传达美的东西。

　　当然，画材也不只局限于水彩一种形式，作品的呈现，可以是彩铅、水粉、油画，也可以是电脑板绘……工具只是实现艺术的手段，而重要的是人的思想，是脑海里的画面如何创作出来。

我比较习惯使用的画具介绍

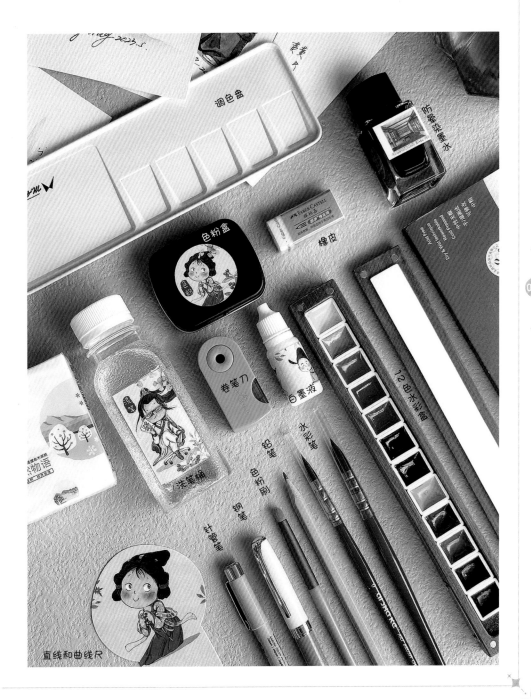

色彩与穿搭

　　色彩是能引起我们共同审美愉悦、最为敏感的形式要素，它具有三个基本特性——色相、纯度（也称"彩度""饱和度"）、明度。

　　色彩的性质直接影响我们的感情，当它体现在穿搭上时，丰富多样的颜色便是行走的艺术，舒适、美好的穿着搭配，会给观者愉悦的视觉享受，同时也能传达一个人的性格、喜好、职业倾向……所以学会搭配，学会画穿搭插画，了解、认知什么是色彩很重要。

　　接下来，请大家跟随我一起探索色彩与穿搭的视觉世界吧。

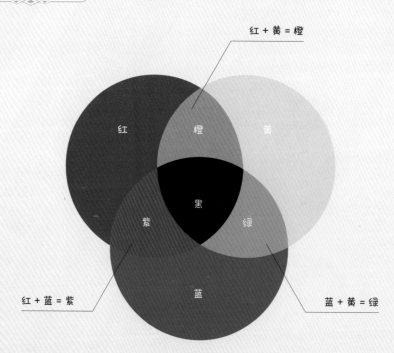

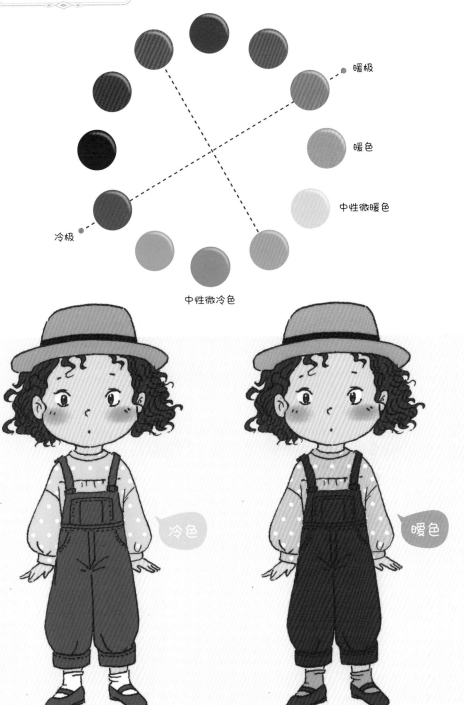

暖极

暖色

中性微暖色

冷极

中性微冷色

冷色

暖色

色相

　　色相，是各类色彩的名称，如大红、普蓝、柠檬黄等，它是色彩的首要特征，是我们区别各种不同色彩的标准。

　　有时候我们会用色调来描述色相范围，比如：蓝色调、红色调、灰紫色调等。

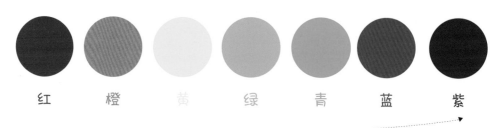

| 红 | 橙 | 黄 | 绿 | 青 | 蓝 | 紫 |

这条色相带就像一道艳丽的彩虹

绿色调　　　　　紫色调

粉紫色调

从内搭衬衣、外套、短裤到配件，每一款单品的色系都在粉紫色调里，但深浅、纯度又各有不同，形成错落感，让整个视觉效果既统一又有层次感，很少女，很浪漫……

蓝绿色调

这是一套偏冷的色系搭配，透露出清凉感，活泼的造型，搭配蓝绿色卫衣与藏蓝色牛仔裤，有一股春天生机勃勃的气息，包包与休闲鞋选用中性的黑白两色衔接，整个穿搭既统一又丰富。

明度，是指色彩的明亮程度，不同颜色会有明暗的差异，相同颜色也有深浅的变化。

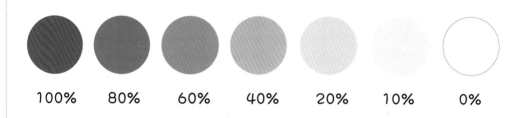

| 100% | 80% | 60% | 40% | 20% | 10% | 0% |

深色调

浅色调

高明度穿搭

浅色调整体色系相对轻盈，给人一种眼前一亮的感觉，白色衬衣搭配焦糖色阔腿裤，透明边框眼镜是亮点，眼镜通体干净清透，犹如阳光沐浴下的夏天，带给人活泼与清凉。

低明度穿搭

深色调的搭配，体现出淑女的成熟与优雅，使纤细的身段更加婀娜多姿。印花长裙垂感满满，与人字形休闲凉鞋搭配相益，深色宽檐帽既有遮阳的功能，又具有复古的视觉美感。

色彩的纯度

纯度，是指颜色的饱和度或艳丽度。

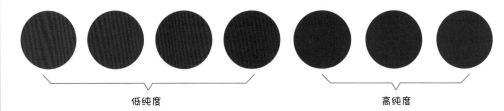

低纯度　　　　　　　　　高纯度

低纯度　　　　　高纯度

高纯度穿搭

鲜明的橘黄色与玫红色相搭配，通过白色休闲裤的中和，使整个穿搭既跳跃又和谐。蓝色条纹休闲帽与橘黄色套衫两两对比，让人精气神满满，洋溢着活力，仿佛每一个细胞都充满快乐。

低纯度穿搭

这是我个人很喜欢的配色，莫兰迪色的高级灰，典雅、宁静、潇洒、飘逸。帽檐上的半透蕾丝和波点长裙上下呼应，将复古与文艺范结合到最理想的状态，穿上这身搭配走在街上，肯定会吸引众多目光……

理解人体结构对画人物的启发

要充分了解头部结构的画法，首先要知道"三庭五眼"：三庭，指脸的长度比例，把脸的长度分为3个等分，从前额发际线至眉骨，从眉骨至鼻底，从鼻底至下颏，各占脸长的1/3；五眼，指脸的宽度比例，以眼形长度为单位，把脸的宽度分成5个等分，从左侧发际至右侧发际，为5个眼宽。

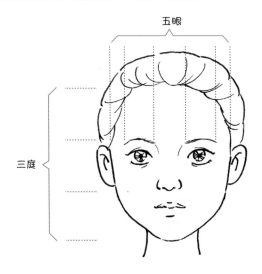

我们平时观察小孩子的头部比例时，感觉整体会比成人短很多，第一庭比第二庭、第三庭长，所以在创作Q萌可爱的形象时，可以在人物头部大框架的基础上适当变化，这样画出来的人物会更有特色。

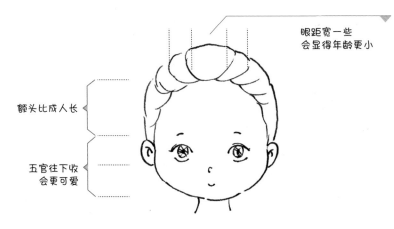

正面平视

正面俯视

正面仰视

侧面平视

侧面俯视

侧面仰视

半侧面平视

半侧面俯视

半侧面仰视

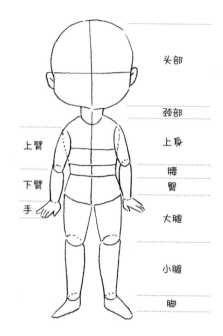

头部

颈部

上臂　　上身

　　　　腰
下臂　　臀

手　　大腿

小腿

脚

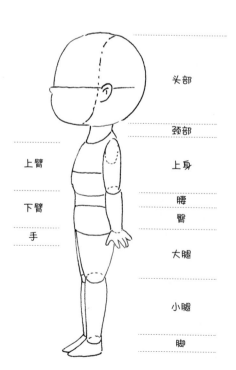

头部

颈部

上臂　　上身

下臂　　腰
　　　　臀

手　　大腿

小腿

脚

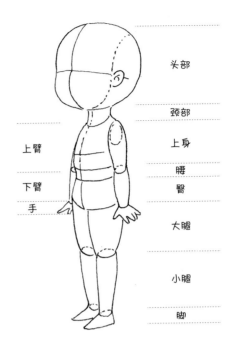

头部

颈部

上臂　　　　　　上身

　　　　　　　　腰

下臂　　　　　　臀

手

大腿

小腿

脚

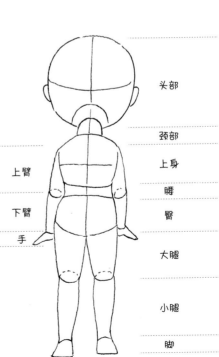

头部

颈部

上臂　　　　　　上身

　　　　　　　　腰

下臂　　　　　　臀

手

大腿

小腿

脚

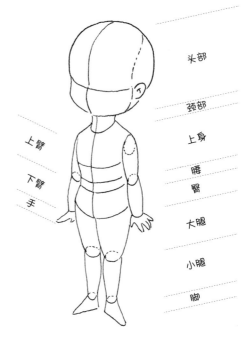

头部

颈部

上身

腰

臀

大腿

小腿

脚

上臂

下臂

手

头部

颈部

上身

腰

臀

大腿

小腿

脚

上臂

下臂

手

当我们认知和了解了人体结构在平面画纸上的基本数据后，通过不断的练习，我们就能随意表达脑海中想要创作的人物体态了。

03

穿搭插画欣赏
与绘画步骤案例

渔夫帽

文艺的
披肩长发

浅灰色卫衣
蓝色波点衬衣

卡其色
长外套

条纹宽松
休闲裤

浅灰色
休闲鞋

Feng-ting

休闲田园系列

中长的开衫，阔腿的休闲裤，飘逸的长裙，
棉麻、针织、细羊绒，舒适柔软的面料，
偶尔也会搭配一些半透的纱质单品……
低饱和度、碎花、波点、蕾丝
会是我们文艺范儿的最爱。

捧一杯下午茶，或是在草地上野餐，
听着音乐，看一本书，
度过一个温柔的阳光午后，
时间在不经意间慢慢流淌，
田园与文艺，诠释得透透彻彻……

034

帽饰：牛仔布渔夫帽

上衣：荷叶边半透真丝喇叭袖衬衣

裙：吊带下摆镂空长裙

鞋：白色休闲皮凉鞋

搭配单品：绿格纹草编手提包

裙：蓝紫色碎花连衣长裙

发型：蓬松丸子头

鞋：高帮布艺休闲鞋

搭配单品：帆布大挎包、INS风耳机、怀旧英文报花束

衣：细羊毛休闲西装领长外套

内搭：白色卫衣

裙：细灯芯绒休闲半裙

内搭：黑色羊毛打底裤袜

鞋：白色玛丽珍小皮鞋

搭配单品：红色小阳伞、白色大挎包

衣：亮黄色毛呢长款背心

内搭：羊毛波点连衣长裙

袜：玫红色提花羊毛袜

鞋：棕色复古英伦小皮鞋

搭配单品：紫色皮包、玫红色旅行箱、棕色挎包、藏蓝色羊毛围巾

波点蕾丝
粉紫小洋帽

搭 配 小 推 荐

肉粉
灰紫　　米色　　果绿

波点与镂空蕾丝

叠穿效果

外层轻薄面料

内层高垂感面料

波点元素上下呼应

蕾丝镂空
背心大摆长裙

灰紫色
大摆长内裙

灰棕色
波点渔夫鞋

在阳光树荫下
铺上条纹餐布
来一场惬意的田园野餐

一本少女文艺诗集
或是一部引人入胜的小说故事

怎能少了丰富可爱的
马卡龙色彩

不规则边缘的草编帽
暖暖的藤黄色
满是夏日热情

灰粉色的休闲鞋
与叠穿的长裙就是很搭呀

挎包里
鲜花满满当当
层层叠叠
总是那么生机勃勃

① 根据人体结构绘制人物动态（铅笔打稿）。

② 在草图上用钢笔或勾线笔刻画细节线描，再将铅笔草图痕迹擦掉。

③ 水彩上色，[砖红+土黄+少量红+大量水]调和后平涂肤色，砖红色刻画立体感，深褐色平涂头发第一遍。

④ 调和低纯度粉紫色，平涂内裙和帽子，[土黄+少量紫色+大量水]调和后平涂外裙，并刻画出人物的立体感。

⑤ 用内裙颜色的同色系刻画外裙蕾丝纹样，并用白墨液表现出波点效果。

⑥ 刻画眼神，用色粉给脸部上妆腮红和眼影，最后用针管笔修型。

⑦ 用设计手账的思路对小单品进行绘制，先用粉紫色系平涂第一遍。

⑧ 对单品进行细节刻画，粉紫色和橙黄色系的使用，会整个画面会更丰富，更有层次。

都市女性系列

也许你是位久经职场的职场精英，
一头干练的短发，
穿着挺括的毛呢外套，
简练的裤装与低跟但质感超好的小皮鞋，
往返忙碌……

结束一天充实的工作，是时候放松一下了，
看场电影，约上几个闺蜜在咖啡吧聊天，
参加一场高定的沙龙，
将自己的形象瞬间切换……

裙子是
根据自己的身材量身打造的
非常服帖

复合面料
让裙摆更为蓬松
法式钉珠刺绣
让半透的欧根纱
亮晶晶的
夜色将近
而星光闪耀
同款钉珠小皮包
你就是今日的明星

小皮鞋
为头层牛皮
和半透琉璃水晶的组合
哑光与高光的碰撞
非常有设计感吧？

这款灰粉色
超细羊毛的披肩
柔软亲肤
是搭配单品的
不二之选

黑色　　玫红　　浅灰

黑白灰主色调

玫红色调点缀

外层纱质面料

精致的钉珠刺绣

搭配水晶珠宝单品

翻翘短发
搭配珍珠发饰

乌金石
复古项链

灰粉色
羊毛披肩

法绣高定
钉珠小礼裙

高定钉珠
小皮包

水晶琉璃
小皮鞋

少女情怀

肉粉色套头毛衣，搭配黑色波点丝质蛋糕裙，层层叠叠，怀揣着多少少女梦想？

暖冬出行

高饱和度的格纹元素，给毛呢外套与灰色内搭羊毛衫增加了层次丰富的色彩。

紫色浪漫

黑色高领修身T恤，搭配薰衣草紫色垂感半裙，坐在窗台，让思绪迎风飞舞。

045

蓬松的卷发

点睛之笔
浅色领带

文艺工作者

格纹衬衫

深色条纹
连衣裙

卡其色
马丁靴

格纹
贝雷帽

白色衬衫

粗花呢
格纹外套

红色皮包

孔雀蓝背心

黑色直筒裙

报社编辑

黑色
长筒袜

森系皮鞋

可爱
丸子头

教师或学者

肉粉色
T恤

图书

棕色
针织衫

黑白格纹
半裙

米色
凉皮鞋

047

知性
大框眼镜

干练的
独辫

深棕皮包

字母白T恤

深青色小西装

卡其色
休闲裤

深蓝
雨伞

干练女主管

黑色小皮鞋

① 根据人体结构设计人物动态(铅笔打稿)。

② 在草图上用钢笔或勾线笔刻画细节线描，再将铅笔草图痕迹擦掉。

③ 先上肤色，腮红采用湿画法，在肤色半干状态点绘深红色，添加雀斑效果（肤色调和方法，可参照田园风绘画步骤3）。

④ 外套运用[深褐色+群青]调和打底，并采用点彩笔法添加深色，以达到粗花呢面料的质感。

⑤ 内搭衬衣、裤子、鞋子、围巾分别上色，要绘制出面料厚薄和质感的区别。

⑥ 刻画细节，如面料表面纹样、衣服外线、杯子图案等。

⑦ 用设计手账的思路对搭配单品进行绘制与构图，做到有疏密、轻重对比的设计感。

⑧ 对单品进行上色及完善，整体色调保持在黑色和玫红色相统一的范围内。

复古洋装系列

古董餐盘上陈列着诱人的丝绒蛋糕，
草莓、浆果、巧克力、冰饮……
和一个"借东西的小人"

这是我非常喜欢的一类穿搭风格
像甜品一样的色系
波点、碎花元素，以及真丝、缎面、薄纱材质
层层叠叠的宽大裙摆衬托出纤细的腰身
很有一些20世纪50年代的艺术氛围
阳光午后，咖啡红茶……

约上三五女友，来一场甜美的下午茶约会
一起谈天说地，悠闲自在
这样的松弛感，谁会不想呢？

花朵复古裙

橘红　　白色　　莫兰迪绿

轻薄的白色面料

复古花朵纹样

橘红色宽腰带

橙黄色遮阳帽

橘红色帽檐丝带

墨绿复古裙

墨绿　　白色　　大红

真丝双宫面料

墨绿色+白色线迹

蕾丝花边披肩

同款墨绿色发饰

大红色手包

粉色公主裙

肉粉　　深棕　　湖蓝

雪纺粉色面料

深棕色波点纹样

粉色宝石耳钉

湖蓝色小皮鞋

同款湖蓝色挎包

黑色波点裙

黑色　　白色　　暖灰

波点与镂空蕾丝

叠穿效果

外层轻薄面料

内层高垂感面料

波点元素上下呼应

齐刘海

复古格纹
羊毛背心

羊毛围巾

黑色
打底衫

棕色皮箱

做旧
牛仔裤

休闲
懒人皮鞋

休闲干练的复古日常穿搭

做旧的牛仔裤，搭配棕红英伦格纹的套头背心
为干练加持一份优雅贵气
适合文艺工作者的日常通勤

具有反差感的复古日常穿搭

西装与蕾丝长裙的搭配
是休闲与正装的碰撞
给人一种既稳重又飘逸的反差感
真是一个有个性的职场女孩

肤色贝雷帽

皮质外壳
手账本

格纹
小西装

棕色牛皮包

蕾丝长裙

磨砂
小皮靴

都市主妇系列

不管是职场女性，
还是全职主妇；
不管是穿梭在厨房与餐厅的围裙装扮，
还是行走在都市街道上的松弛穿搭；
烘焙、插花、购物、做家务……
生活，总是过得这么精致而优雅，
每日的不同穿搭，
不经意间流露出舒适而高级的格调和品位，
爱自己，比什么都重要！

1. 碗里放着鸡蛋、面粉、杏仁、葡萄干、盐、植物油，搅拌

2. 搅拌到没有粉末为止，揉成长度约为 20 厘米的面团

057

4. 再放进烤箱用 180 摄氏度烤制约 15 分钟，出炉即可

3. 放进烤箱用 160 摄氏度烤制约 30 分钟，取出后趁热切片

松散盘头

珍珠发饰

针织长开衫

淡蓝色内搭

焦糖色
阔腿裤

皮质
小挎包

莫兰迪色低跟鞋

都 市 丽 人 的 优 雅 松 弛 感

宽松的穿搭单品，随意的发型，高级感的色彩搭配
简约而不简单，松弛中带着文化修养的底气
举手投足间，都是都市丽人的成熟知性和魅力

蓬松发髻

韩式
空气短发

灰紫色
衬衫

灰蓝色
休闲衬衣

镂空花边
长半裙

碎花长裙

休闲人字拖

休闲草编包

棕色渔夫鞋

慵懒穿搭主色调

橙黄　　灰蓝　　灰紫

波浪长卷发

松散低发髻

粉色
格纹围裙

红色
连衣裙

可爱花束

藏蓝色腰带

中黄色
洗衣篮

同色系
居家棉拖

格纹草编包

浅灰色连衣裙

休闲人字拖

松散低发髻

惬意下午茶

薄荷绿
波点长衫

061

牛仔裤

薄荷绿
波点棉拖

慵懒穿搭主色调

橙红　暖灰　薄荷绿

❶ 铅笔创作构图，画出人物身体动态的弧度与低头的表情。

❷ 用快干防晕染墨水和45°斜角钢笔勾线，刻画细节。

③ 水彩上色，用[砖红+土黄+少许红+大量水]调和
肤色，深褐色调和头发。

④ 水彩上色，用[群青+红色+少许土黄]调和出暖
灰色，平涂裙子。

⑤ 用丰富的颜色描绘花束，并以同类色系深一些
的颜色处理褶皱阴影。

⑥ 丰富单品细节，最后再用色粉给女孩绘上腮
红，如成品图。

前卫潮流系列

朋克风、简约休闲风、洛丽塔风、英伦风……

关于潮流，有很多词汇标签，

好的搭配，能提升视觉体验，

每一个时尚潮人，都是一道行走的靓丽风景！

每每坐在上海武康路的咖啡馆，

看着来来往往的男女

不管年轻的还是年长的，

都穿着前卫，一脸朝气，自信满满

让人羡慕不已

突然迎面而来一位骑自行车的少女，

夸张的卷卷泡面头，迎风肆意飞扬，

西装领白衬衫，内搭大红色字母背心，鲜明的配色衬托出女孩鲜明的个性，

破洞牛仔裤显露出自由与不羁，自信满满！

蹬上一辆公路自行车，穿梭在繁华的都市大街上，

这样的女孩，就是我心目中的独特存在！

① 根据人体结构知识，设计人物动态（铅笔打稿）。

② 在草图上用钢笔或勾线笔刻画细节，再将铅笔草图痕迹擦掉。

③ 水彩上色，用[砖红+土黄+少许红+大量水]调和肤色，平涂上色。

④ 用深褐色平涂头发颜色，再用[砖红色+土黄色]调和后刻画人物立体感。

⑤ 运用大红色平涂内搭T恤，深藏蓝色平涂牛仔裤。

⑥ 深灰色水彩颜料，添加不同量的水分，用于刻画自行车细节。

⑦ 细致刻画眼睛的深浅以及高光部分，用色粉和笔刷分层次绘制腮红。

⑧ 用湿画法绘制道路斑马线和背景林荫道，要画出空间感。

红色数字
贝雷帽

钉珠头巾

蓝宝石
耳环

个性
黑背心

玫红色钉
珠长衬衫

印染
休闲裤

黑色
吊带裙

棕色
休闲鞋

黑色
高跟凉鞋

068

FENG TING

85

披肩长发

荷叶边 T 恤
（袖子为半透提花面料）

荷叶边
格纹长裙

黑色长内裙

磨砂皮军靴

泡面头

灰蓝色
印花头巾

070

项链

花纹
长套衫

阔腿
牛仔裤

草编小礼帽

蓬松
高丸子头

浅绿色
长衫

刺绣
小背心

浆果纹样
长半裙

焦糖色
牛仔布短裙

黑色小皮靴

流苏小皮靴

相信爱情，应该是世界上让人愉悦的生活体验之一了，
怦然心动的感觉能迅速增加人体内的快乐元素，
空气中充满着巧克力般甜甜的味道……
每到情人节，我习惯性地会画一组可可爱爱的小情侣，
也会画他们的情侣装穿搭，
不一定要一模一样的装扮，
但要有相同的元素搭配和互补和谐的色调氛围，
通过画笔，创造出一幅幅的小幸福，
感觉自己也跟着幸福起来了！

100%
触动你心跳

甜蜜爱情系列

100%
触动你心跳

今天

手牵手，跟我走……

周末出游的美好瞬间，特别回味的浪漫人生

今天

手牵手，跟你去哪？

一起开心地去郊外走走比自己环游世界还快乐，哈哈！

① 铅笔打稿，根据人体结构设计人物动态，遮挡的地方也需要表达清楚。

② 在草图上用钢笔或勾线笔刻画细节线描，再将铅笔草图痕迹擦掉。

③ 水彩上色，用[砖红+土黄+少许红+大量水]调和肤色，平涂上色，在半干的时候用砖红色点画腮红和阴影部分。

④ 水彩上色，用[大红色+中黄色]调和，平涂女孩帽子和毛衣底色，用[熟褐色+群青色]调和，平涂头发区域。

⑤ 用[群青色+少许褐色]调和，对男孩和女孩服装的共同元素上色。

⑥ 用橄榄绿平涂沙发。

⑦ 同色系深色刻画服装沙发和靠垫的褶皱，表现出沙发的立体感，营造圣诞氛围。

⑧ 用具有遮盖力的白墨液调和色彩，进行服饰和物件的纹样刻画，这样丰富温馨的画面感就出来了。

♂ 牛仔色衬衣
戒指项链

♀ 波点荷叶边
黑色连衣裙

♂ 英伦格纹
毛呢外套

♀ 羊绒帽子围巾
肉粉色毛衣

♂ 姜黄色渔夫帽
鸡心领卫衣

♀ 提花毛衣
棕色太阳镜

♂ 黑色鸭舌帽
黑色T恤

♀ 绿色碎花
连衣裙

都市女性系列

俏皮活泼的五官，搭配变化多样的妆发，
或慵懒，或清丽，
为自己画一组头像，每每换心情时换一幅，
我的平台我做主，你学会了吗？

熟女型
波浪卷长发

田园型
双麻花辫

风雅型
松弛低发髻

干练型
短直发

名媛型
精致发髻

可爱型
高丸子头

文艺型
单麻花辫

时尚型
泡面头

发型对一个人的气质、颜值，有着非常重要的决定意义，
长直发温柔知性、波浪卷时尚风韵、松散发髻慵懒舒适、
丸子头青春俏皮、麻花辫文艺淑女、直短发酷飒简洁、泡面头个性独特……
这些，总有一款属于你，选择适合自己的发型，再换上穿搭单品，
给自己的魅力加持，突显自己的个性。

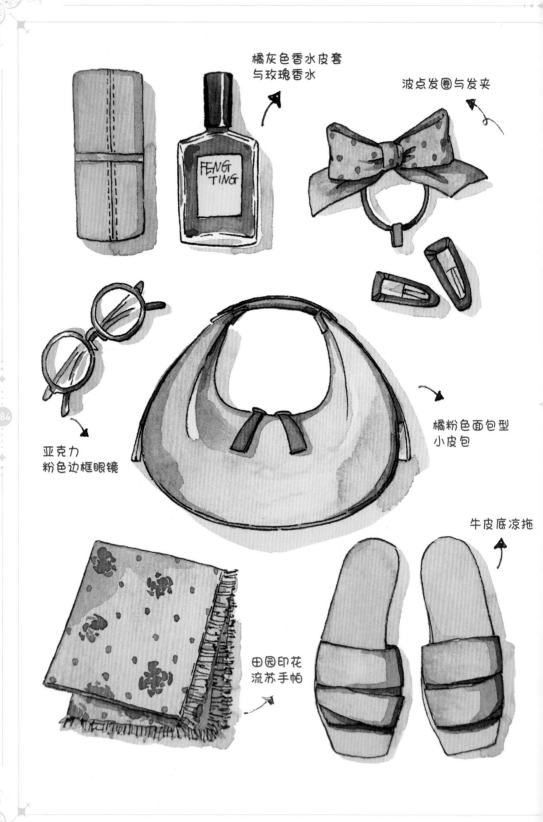

橘灰色香水皮套
与玫瑰香水

波点发圈与发夹

FENG
TING

亚克力
粉色边框眼镜

橘粉色面包型
小皮包

牛皮底凉拖

田园印花
流苏手帕

时尚单品系列

上衣、半裙、香水、挎包、饰品……
不同色系、不同质感的时尚单品，
让每一天都是全新的开始，
这么多的不确定性，生活能没有乐趣吗？

粉色对于女孩子来说，就像是小时候的童话梦，
淡淡甜甜的少女公主味儿，完美演绎着年轻女性的活力、成熟女性的浪漫，
粉色系的装扮，让整个人都可亲可爱了……

很喜欢带有一些灰调的蓝色，
深一点的灰藏蓝色系有一种神秘沉静的味道，
浅一些的灰蓝和马卡龙蓝，又有一些清新复古的感觉，
饱和度低一些的蓝色系适合多样的风格：
学院风、复古风、神秘哥特风……
高饱和度的蓝色，能体现出蔚蓝阳光的地中海情结，
与暖色系和中性黑白灰撞个色，还会有丰富又内敛的视觉体验，
总之，将蓝色进行到底就对了。

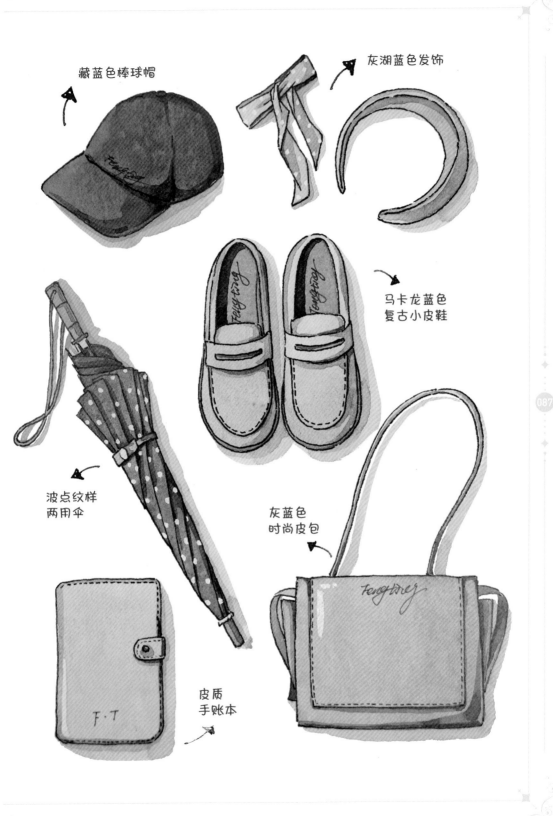

藏蓝色棒球帽

灰湖蓝色发饰

马卡龙蓝色
复古小皮鞋

波点纹样
两用伞

灰蓝色
时尚皮包

皮质
手账本

胸前的面料采用密褶拼接，
丰富单一的衬衣色系

色系稍深一些的
波点蓝色蝴蝶结丝带
是整件衬衣的
视觉中心，点睛之笔

袖口和衬衣下摆
也采用密褶荷叶边的设计，
体现出复古田园的少女感

焦糖色真丝面料
搭配深棕色波点，
纹样稳重而活泼

领口的荷叶边装饰
是整件焦糖色上衣的
突出点缀

灯笼袖 + 密褶荷叶边是
复古元素的时尚改良

线稿创作造型

平涂主色调

刻画投影，体现立体褶皱

刻画纹样等细节

带有郁金香纹样的
鹅黄底色开衫花毛衣

灰棕色荷叶边领内搭衬衣
复古的元素与造型

低饱和度湖蓝色
西服领休闲外套

叠穿效果

衬衣同色系浅灰底色
搭配湖蓝色十字花的超薄羊毛围巾
给深秋带来既浪漫又温暖的感觉

纯棉裙摆式荷叶边领套头衬衣
浅灰底色搭配深灰和砖红色的相间格纹
与外套色系纯度相得益彰

抽褶领口设计
休闲文艺又具有松弛感

斜肩裁剪的
泡泡袖

橘红色面料浆果印花内搭连衣裙
可以是真丝，也可以是纯棉的亲肤面料
贴身穿着舒适透气

姜黄色碎花连衣裙
很田园，很悠闲

选用透感极强面料的外裙
裙摆褶皱分段拼接
袖口也设计丰富的荷叶边
通透的面料和密集的褶皱
突显出既立体又飘逸的效果

不管是短衬衫还是长衬衫，
不管是外披还是内搭，
条纹、格纹，
永远是不过时的百搭经典。
长条纹衬衫，
内搭白色吊带与休闲牛仔裤，
自如潇洒；
格纹短衬衫，
外穿套头英伦风毛衣，
复古悠闲……

撞色、拼布牛仔系列裤装，
选用红色与绿色内外搭配，
嫁接牛仔蓝和白色中间色，
设计夸张大胆的彼岸花纹样，
具有很强的视觉冲击力，
突破传统单一的牛仔系列，
特别适合时尚潮人，
走在路上，就是一道移不开视线的
个性风景线！

线稿创作造型

平涂花瓣纹样

平涂叶片纹样

刻画细节和褶皱阴影

小资场景系列

在阳光午后的咖啡馆，
坐下来，点一杯咖啡，来一份甜品，
看看书，刷刷手机，
抑或是发发呆，
岁月静好，年华依旧。

① 用铅笔绘制场景的构图创作。

② 背景氛围渲染并给人物初步上色。

❸ 钢笔刻画人物细节，背景根据虚实关系保留铅笔轮廓。

❹ 进一步上色并刻画细节。

04

古风穿越
画笔下的世界

大唐繁华系列

大唐风韵的历史传说、名人轶事、妆发造型、诗词歌赋……

一直是被我们津津乐道的历史话题，

开放、自由的炫美与潇洒，

壁画、石刻、书画、绢绣、陶俑的文化沉淀，

给影视剧集、古风故事、元素展示、穿越cos（角色扮演）等

带来了丰富多彩的创意灵感，

很多年以前，看电视剧《武则天》，

我就迷上了唐风飘逸性感的妆造，

衫、襦、袄、裙，纱罗、丝绸的面料，

以及自由靓丽的各类织纹、绣纹……都是我的最爱，

甚至梦想穿越大唐，cos登场，去看看那盛世繁华的一派景象。

以胖为美的我
当然是吃货一枚
逛吃逛吃
开心开心
随时随地
自在随我

106

❶ 铅笔打稿，根据人体结构设计人物动态，被遮挡住的结构也需要表达清楚。

❷ 在草图上用钢笔或勾线笔刻画细节线描，再将铅笔草图痕迹擦掉。

❸ 水彩上色，用[砖红+土黄+少许红+大量水]调和肤色，平涂上色。

❹ 给头发上色，用砖红色调和少量水分画出脸庞和身体的立体感，薄纱遮住的部分根据褶皱方向也要画出肤色。

⑤ 用群青色平涂薄纱之外的裙摆，被薄纱遮住的部分根据褶皱画出透明感。

⑥ 在内裙画完的基础上，平涂肉粉色薄纱外袍，两色叠加部分要自然透明。

⑦ 用具有遮盖力的白墨液调和色彩，进行服饰和物品的花卉纹样刻画。用色粉描绘人物脸部的腮红和额头的立体感。

⑧ 对单品进行上色及完善，对人物的裙摆及薄纱丰富颜色并用同类色系深一些的颜色处理褶皱阴影。

唐风表情包 女孩版

汉代美貌奇女子数不胜数，落雁美人王昭君、秀美长发卫子夫……一种袅娜亭亭，一派风流婉转，目若秋波、眉如墨画、泪光点点、含情脉脉，这是我在这一系列插画中想表现的效果，为了突出妩媚气质的表现，需要在人物比例、妆容服饰上描绘得成熟一些。

敷面的妆粉、脂泽，施朱的胭脂、朱砂，画眉的黛，还有点唇的唇脂……东汉京城的女子都爱画愁眉啼妆，这种妆是用白色的脂粉轻轻抹一抹眼睛的下面，看起来就像是在哭泣，再配上八字愁眉，有种我见犹怜的病态美，这在当时非常盛行。

堕马髻 & 留仙裙

愁眉、啼妆、堕马髻、折腰步、龋齿笑，是东汉时期妩媚的标准，身着留仙裙，梳着堕马髻的女子们，或娇羞、或愁容、或拂面……"行动处似弱柳扶风，娴静时如姣花照水"，摇曳身姿，楚楚动人。

惊鹄髻

龋齿笑

花钗大髻

清代纪事系列

故宫藏品和清宫剧都给我的人物插画带来了很多想象力，
俏皮可爱的人物，穿上艳丽华美的清代服饰，
别有一番个性特色。
在插画上想表现服饰刺绣纹样，
如龙凤、人物、鸟兽、花卉、山水、云石等，
还是很难的，处理不好会喧宾夺主，主次颠倒，
但可以用虚实的绘画技法，表现清代服饰的雍容大气、材质华贵，
再用不同的头饰造型，表现人物的角色个性和身份象征，
这样设计人物就很有意思了……

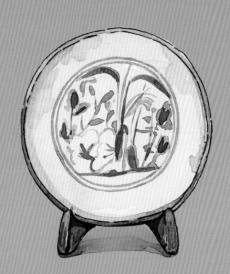

穿越版文艺范

清宫小两把头，
配上各色珐琅、绒花发饰，
旗装上的提花和刺绣纹样，
或富丽，或清新，
好像从现代穿越的小格格，
个个都是文艺范儿，
摄影艺术家、文艺画家、大提琴手，
技艺精通，满脸自信。

穿越版活力值

梳着各种各样的发髻、配上珠钗、
身着旗袍的清代少女，
或骑着摩托，或跳一段街舞，或舞一曲芭蕾，
动感满满，反差感十足，
如果当年的她们也能有如此体验，
是不是很幸福？

古风插画作品赏析

戏曲国粹

133

敦煌飞天

136

古代体育

140

捶丸

五子棋

蹴
鞠

141

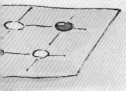

射箭

投壺

木人樁